FSC
www.fsc.org
MIX
Papier aus verantwortungsvollen Quellen
Paper from responsible sources
FSC® C105338

HYPOTHESE GRAVITATION

oder

ein paar Gedanken zum Thema

Bibliografische Information der Deutschen Nationalbibliothek:

Die Deutsche Nationalbibliothek verzeichnet diese Publikation in der Deutschen Nationalbibliografie; detaillierte bibliografische Daten sind im Internet über dnb.dnb.de abrufbar.

Verlag: BoD · Books on Demand GmbH, Überseering 33, 22297 Hamburg, bod@bod.de
Druck: Libri Plureos GmbH, Friedensallee 273, 22763 Hamburg

ISBN: 978-3-6963-7249-1

2026

HYPOTHESE

GRAVITATION

oder

ein paar Gedanken zum Thema

ROBERT G. BRUNNER

Inhaltsverzeichnis

Symbol	Einheit	Benennung	Tabelle 01
a	m/s^2	Beschleunigung	
A	m^2	Fläche	
A1 / A2	m^2	Spantfläche	
c		Indizes für Coulomb	
c	m/s	Lichtgeschwindigkeit im Vakuum	
c*	m/s	Lichtgeschwindigkeit - operativ	
e		Indizes für Elektron	
e	As	Elementarladung	
Ek	J	Energie - kinetisch	
E´	J	Energie	
E*	J	Energie	
F	N	Kraft	
G	$N\,m^2 / kg^2$	Gravitationskonstante	
H		Indizes für Wasserstoff	
h	Js	Planck´sches Wirkungsquantum	
M	kg	Masse	
m	kg	Masse	
N	$J\,s^{-4}$	Ursächlichkeit	
r	m	Systemradius	
R	m	Zentrumabstand	
P°	J/s	Lamor – Leistung	
P	J/s	Lamor - Leistung - harmonisiert	
ω	1/s	Winkelgeschwindigkeit	

Präambel

Liebe Leserinnen, liebe Leser,

ein Buch zu schreiben ist das eine, ein physikalisches Buch zu schreiben, zumindest heutzutage, eine besondere Herausforderung.

Man braucht dazu nicht nur ein griffiges Thema, auch das moderne physikalische Umfeld ist dabei zu beachten.

Vielfältige Veröffentlichungen begleiten Ergebnisse und Aussagen, die bei genauerer Betrachtung elementare Fragestellungen nicht beantworten können. Hinzu kommen Formulierungen wie - *Teile aus dem Nix* – u.a. die, nimmt man diese wörtlich, vordergründig schon widersinnig sind, da diese dem Energieerhaltungssatz widersprechen. Und gerade deshalb wird es für uns Interessenten sehr schnell schwierig bis abenteuerlich.

Neben dem eigentlichen physikalischen Thema muss so auch noch zwischen Richtig und Falsch sortiert werden.
Aber auch das hat seine Grenzen, spätestens dort, wo eine Nachprüfbarkeit, entweder grundsätzlich, oder wegen nicht zugänglicher Gerätschaften unmöglich ist.

Wer von uns hat schon einen LHC (Large –Hadron-Collider) im Keller stehen.

Heute werden weite Bereiche in den Naturwissenschaften durch mathematische Algorithmen beschrieben und deren Ergebnisse oftmals mit aufwendigen und komplexen Testverfahren ermittelt.

Computersimulationen bestimmen so immer öfters den physikalischen Alltag. Moderne Wissenschaften beinhalten dadurch erfahrungsgemäß mehr und mehr Aussagen und Theorien, also Paradigmen, die nicht immer nachprüfbar sind, daher leicht als unmöglich erscheinen und so auch als unglaubhaft angesehen werden können.

Und es hat auch eine Ursache, dass die Mehrzahl der Physikstudenten heute ihr Studium vorzeitig abbricht.

Es gehört auch zur Wahrheit, dass gerade theoretische Physik mathematikorientiert sein muss, was bei einer ausgewogener Anwendung äußerst hilfreich und verständlich sein kann.
Da Mathematik keine Physik ist, darf die Mathematik der Physik keine Vorgaben bei der Anwendung und Nutzung ihrer Algorithmen machen.

Daraus folgt zwingend eine Beschränkung der Mathematik auf das Nötigste (Wilhelm v. Ockham 1285 – 1349).
Die Anwendung beweisbarer physikalischer Größen und eine verantwortungsvolle Analyse von Definitionen und Einheiten ist zwingend erforderlich. Besonders dramatisch wird es, wenn Schlussfolgerungen sich auf Paradigmen stützen, die schwer oder gar nicht nachvollziehbar, oder was noch schwerwiegender ist, nicht vorstellbar oder beweisbar sind.
Dass unser Vorstellungsvermögen beim extrem Kleinen oder bei großen Skalen versagt, ist ja irgendwie noch nachvollziehbar. Auch wenn wir mit unseren Sinnen die Wirklichkeit nur begrenzt und lückenhaft erfassen können, wenn Optik, Akustik, elektromagnetische Energien u. a. uns größtenteils verborgen bleiben, kognitiv verstehen sollten wir solche physikalische Ausprägungen aber schon. Dass hochkomplexe Gerätschaften den Blick in den Mikro- und Makrokosmos erweitern, ändert daran nichts. Wenn aber gekrümmte Räume, spektakuläre Zeitreisen, vielfache Dimensionen, dunkle Energie, dunkle Materie, weiße Löcher oder Multiuniversen als Realität formuliert werden, dann wird es in Summe schon problematisch bis kritisch.

Es hat schon seinen Grund, dass klassische und moderne Physik irgendwie nicht zusammenpassen. Sicher ist dabei aber auch, es liegt nicht an der Physik oder den Naturgesetzen, sondern einzig und allein an unserer humanen Herangehensweise.

Wer jahrhundertalte physikalische Beschreibungsformen, wie das Gravitationsgesetz oder das Kraftgesetz nach Coulomb, relativ kritik- und prozessfrei herunterbetet, der bring das Wissen des Mittelalters in die Neuzeit.
Erfahrungsgemäß sind physikalische Beschreibungen, vor allem, wenn es sich um Materiereaktionen handelt, fast immer Näherungsverfahren. Die damit einhergehenden Paradigmen sind somit Handhabungsmodelle, die ein überschaubares und begrenztes Anwendungsfenster haben. Daher sind bei einer Ursachenanalyse, im Sinne von - *Ursache und Wirkung* - immer die damit einhergehenden Annahmen und Definitionen zu berücksichtigen, sprich zu hinterfragen.

Wer dann noch Kraftgesetze, klassische Mechanik, Wellentheorien, u.a. mathematisch durcheinanderwirbelt, ist bezüglich des damit einhergehenden Zahlengerüstes sicherlich auf einem handhabbaren Weg, hinsichtlich eines sinnvollen Verstehens aber eher auf einem mathematischen Möbius-Dreieck unterwegs.

Dass man mit einer solchen Sichtweise nicht alleine ist, zeigen die Worte von Wallace Thornhill bereits aus dem Jahre 2006.

Er sagte:

> *Wir müssen die moderne Physik ablegen, und zur klassischen Physik vor einem Jahrhundert zurückkehren. Es ist vielleicht die größte Hürde, unsere Ausbildung und unsere Vorurteile abzulegen und die Problemstellungen mit dem Verstand eines Anfängers anzugehen.*

Man mag diesen Worten zustimmen oder auch nicht, zusammenfassend gilt aber schon, der heutige Physikbetrieb muss sich wieder auf das Wesentliche konzentrieren, deutlich zwischen Hypothese und Wirklichkeit unterscheiden und Gesichertes und Bewiesenes in das Zentrum physikalischer Überlegungen und Diskussionen stellen.

Die physikalische Realität mag einem komplexen, aber in seinen Grundsätzen vielleicht doch eher einem simplen inneren materiellen Vorgang entsprechen, da es wie die Erfahrung mit anderen Naturgesetzen lehrt, Natur äußerst reaktionsfähig und damit sehr variabel sein kann.

Die essentielle Zielsetzung dieser Zeilen ist daher, bekannte und bewiesene Physik im Sinne ihrer Messergebnisse zu hinterfragen, keine neuen Unbekannten einzuführen, aber gleichzeitig die damit einhergehenden Theorien, sprich Paradigmen zu analysieren und gegebenenfalls zu harmonisieren.

Die nachfolgenden Herleitungen konzentrieren sich auf das Thema - Gravitation - zeigen aber auch, das Gravitation, elektrische Feldkräfte u.a. einen gemeinsamen Ursprung haben können.

Wallace William Thornhill (1942 – 2023) war einer der führenden Theoretiker der Kosmologie des Elektrischen Universums, leitender wissenschaftlicher Berater des Thunderbolts Projects sowie wissenschaftlicher Berater des SAFIRE-Projekts. Er studierte Physik und Elektronik an der University of Melbourne in Australien.

Einleitung

Genug der kritischen Worte und damit zurück zum griffigen Thema dieses Buches, der Gravitation.

Gravitationstheorien beschreiben die fundamentale „Anziehung“ zwischen Massen und reichen von Isaac Newton (1687) über Albert Einsteins Allgemeine Relativitätstheorie bis hin zu moderneren Modellen, wie der Quantengravitation.

Dazu kommen eine Vielzahl weiterer Theorien, zum Beispiel die des Fernparallelismus oder die Skalar-Tensor-Theorie und anderer.

Während die Newtonsche Gravitation eine sehr gute Näherung für schwache Einwirkungen ist, wird mit der ART die Gravitation als Krümmung der Raumzeit durch vorhandene Massen beschrieben.

In der Quantengravitation wiederum versucht man Gravitationswirkungen auf der Quantenebene zu formulieren, da die Allgemeine Relativitätstheorie mit der Quantenmechanik bisher nicht vereinbar ist.

Wünschenswert wäre bei all diesen Überlegungen eine einheitliche Theorie, der wiederum ein durchgehendes Paradigma zugrunde liegt und außerdem nicht mathematisch überbordet ist.

Damit unseren Sinnen einigermaßen zugänglich ist und unseren kognitiven Fähigkeiten entspricht.
Gleichzeitig wäre es hilfreich, wenn ein solches Modell sich auf bekannte und bewährte Kennwerte beruft und wenn möglich auf zusätzliche Definitionen und vor allem unbewiesene Begriffe weitgehend verzichten kann.

Auch brauchen wir zur Beschreibung unserer Welt ein durchgängiges Kennwertesystem, das vom Mikro- bis Makrokosmos Gültigkeit hat.

Die dafür notwendigen Größen entnehmen wir den SI – Einheiten, die zur Definition und einheitlichen Kennzeichnung physikalischer Größen international verwendet werden.

SI – Basiseinheiten

Basisgröße	Symbol	Dimension	Einheit	Zeichen
Zeit	t	T	Sekunde	s
Länge	l	L	Meter	m
Masse	m	M	Kilogramm	kg
Stromstärke	i	I	Amper	A
Temperatur	T	θ	Kelvin	K
Stoffmenge	n	N	Mol	mol
Lichtstärke	lv	J	Candela	cd

Aus Gründen der Übersichtlichkeit, aber auch um den Umfang dieser Ausführungen zu begrenzen, werden Details, und hier vor allem mathematische Herleitungen zu den einzelnen Themen nur soweit erläutert, als dass diese für ein grundsätzliches Verständnis erforderlich sind. Darstellungen überschaubar und nachvollziehbar zu halten, zwingt naturgemäß zu Einschränkungen und begrenzter Detaillierung.

Vieles in der Physik deutet darauf hin, dass Alles mit Allem zusammenhängt, dass eine grundsätzliche Größe, die wir Energie, oder zutreffender vielleicht Impulse nennen, als Ursache aller beobachtbarer Gesetzmäßigkeiten in der unbelebten und ggf. auch belebten Natur angesehen werden kann. Hierbei spielt die innere atomare Dynamik der Materie eine dominierende Rolle.

Auf der Grundlage getroffener Definitionen und zweckmäßiger Beschreibungen formulieren wir Beobachtungen und mathematische Algorithmen, um die Vorgänge besser verstehen und vorhersagen zu können.

Bei der Interpretation der Rechenergebnisse, der Simulationen, oder der Auswertung provozierter physikalischer Reaktionen, gegebenenfalls mit hochkomplexen Gerätschaften, sind die gegenseitigen Abhängigkeiten, sprich Beeinflussungen von Ursache und Wirkung zu beachten.

Letztlich trifft bei solchen Ereignissen Physik auf Physik und die damit unvermeidbaren Interaktionen beeinflussen das jeweiligen Reaktionensverhalten.

Dort wo wir im Mikro- oder Makrokosmos an die Grenzen detektierbarer Größen stoßen, beginnt die Welt der Hypothesen, oder auch der Annahmen und Vermutungen.

Aussagen zu diesen Grauzonen sollten zumindest der kognitiven Logik zugänglich sein und ein „gesundes Misstrauen“ begleiten. Solche Inhalte sind deutlich und unmissverständlich als HYPOTHESE zu kennzeichnen.

Die Wahl

Innerhalb einer Vielzahl wissenschaftlicher und hypothetischer Paradigmen stehen wir so vor der Wahl, zum griffigen Thema – GRAVITATION – eine passendes, heißt zweckmäßiges und aussagefähiges Modell für unser Vorgehen zu wählen.

In Kürze. Die Suche nach einem passenden und zweckmäßigem Paradigma hat das bekannte Atommodell nach Bohr, also das Bohrsche Atommodel, in den Focus gerückt. Auch deshalb, da dessen Kennwerte gesichert bekannt sind und weil damit auch die wesentlichen Akteure, Energie und Dynamik, ausreichend beschrieben werden können.

Zur leichteren Vergleichbarkeit der Ergebnisse wählen wir, passend zum Newtonschen Gravitationsgesetz, zwei quasi kugelförmige Körper, sogenannte Punktmassen, mit einem Zentrumsabstand von R = 1 m. Da Massen mehr oder weniger alle Größen und Formen annehmen können, wollen wir die kleinste Masse also das Proton als Referenzmasse betrachten. Im Bohrschen Modell wird dieses Proton von einem orbitalen Elektron begleitet.

So erhalten wir zwei Atome des Wasserstoffs H1/1 als Referenzgrößen. Die permanente Interaktion zwischen Proton und Elektron, also das Wechselspiel zwischen Masse und Energie, kann als physikalischer Prozess angesehen werden und die beiden diametralen Massen so als gravitatives Modell.

Ein solches Paradigma ist ausreichend visualisierbar, beinhaltet alle wesentlichen Parameter und reicht so für unser Vorhaben aus.

Das Paradigma

Im wissenschaftlichen Betrieb, aber auch im gemeinen Alltag, werden Denkmuster, Modelle und Muster, auch Paradigmen genannt, als Grundlage der allgemeinen Verständigung genutzt. Aber eben auch, um bei anerkannten Sichtweisen und Vorgehensweisen Probleme zu lösen oder Übereinstimmungen zu finden.

Ein Paradigma ist damit eine Leitvorstellung in der Welt voller Synonymen.

Ein wissenschaftlich ausgerichtetes Paradigma hat somit großen Einfluss auf Art und Weise unserer Visualisierung bei physikalischen Themen und den sich dabei ergebenden Fragestellungen.

Ein solches Paradigma beschreibt im Kern daher eine grundlegende Denkweise, ein Denkmuster, oder eine Modellvorstellung, wie wir die Dinge sehen.

Anerkannte Paradigmen bestimmen somit den Bereich der Übereinstimmung, nicht anerkannte Paradigmen den hypothetischen Teil solcher Modellvorstellungen.

Ein Paradigmenwechsel hat daher großen Einfluss
auf unsere

+ Muster und Vorbilder
+ wissenschaftliche Vorgehensweise
+ Weltanschauung und Denkweise
+ Orientierungen und Bertwertungen
+ Systematik des Wissens

Zusammenfassend ist ein Paradigma also der Hintergrund, der mitbestimmt, wie Menschen Probleme angehen und auch Lösungen finden, bzw. ein Gestalter, wie sich die Sichtweise auf die Welt ergibt.

Das Hydrogenium –Atom H 1/1

Das Bohrsche Atommodell, von Niels Bohr 1913 entwickelt, beschreibt den Atomaufbau als ein System, in dem negativ geladene Elektronen den positiven Atomkern umkreisen.

Dieses Kern-Hüllenmodell fordert diskrete Bahnen und damit einhergehende Energiestufen. Der Wechsel von einer Bahn zur anderen wird als Quantensprung des Elektrons bezeichnet. Das Bohrmodell ist daher ein semiklassisches Modell und gut für das Wasserstoffatom geeignet. Für Mehrelektronensysteme aber zu ungenau, was Postulaten, wie Quantenbedingungen, Frequenzbedingungen und diskrete Energiestufen, forderte.

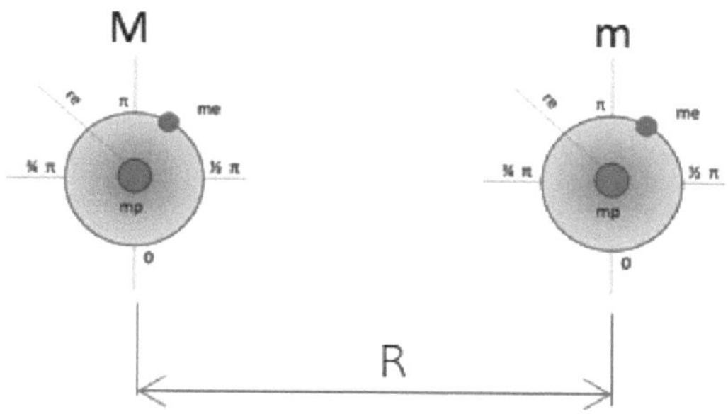

Legende:

mp = Protonruhemasse
e = Ladung des Elektrons
ve = orbitale Geschwindigkeit
Θ = Systemträgheit

me = Elektronruhemasse
re = orbitaler Radius
ωo = orbitale Frequenz
Ek = kinetische Energie

Kennwerte:

mp = $1{,}67\ 10^{-19}$ kg
e = $1{,}60\ 10^{-19}$ As
ve = $2{,}19\ 10^{6}$ m/s
θ = $2{,}55\ 10^{-51}$ kg m²

me = $9{,}10\ 10^{-27}$ kg
re = $0{,}53\ 10^{-10}$ m
ωp= $4{,}13\ 10^{16}$ 1/s
Ek = $2{,}18\ 10^{-18}$ kg m² / s²

Ergänzend zu den klassischen Kenndaten eines solchen Modells ist zu beachten, dass in unserer Betrachtung die Interaktion zwischen Proton und Elektron einen im System vorherrschenden, hochdynamischen Prozess widerspiegelt, der von der Eigendynamik des Elektrons und der Lichtgeschwindigkeit als Prozessgeschwindigkeit begleitet wird. So ist das gewählte Modell hinsichtlich seinen Ausprägungen, also hinsichtlich seinen Reaktion auf externe Einwirkungen, mehrfach frequenzabhängig.

Abweichend zur gängigen Darstellung wird der Ladungsträger, das Elektron damit in seiner Gesamtheit betrachtet, heißt, mit all ihm zugeordneten Kennwerten, wie Radius, orbitaler Geschwindigkeit und Masse. Die orbitale Frequenz kann bei diesen Konstellationen als Resultierende aller Einzelfrequenzen angesehen werden.
So wird auch verständlich, warum in weiten Bereichen bewährte Einzeltheorien nicht kongruent erscheinen. Einfach deshalb, da so wichtige Akteure wie die Zitterfrequenzen nicht beachtet wurden.

Solche Energien haben hohe Frequenzen und damit im klassischen Sinne auch große Energiebeträge, die aber bei Berücksichtigung einer 1 Hz-Normierung dann doch schwer detektierbar sind.

Die Geometrie

Entsprechend den bisherigen Ausführungen gilt für zwei sich gegenüberstehenden Partikel, im gewählten Abstand von R = 1 m, mit der Bedingung R >> re

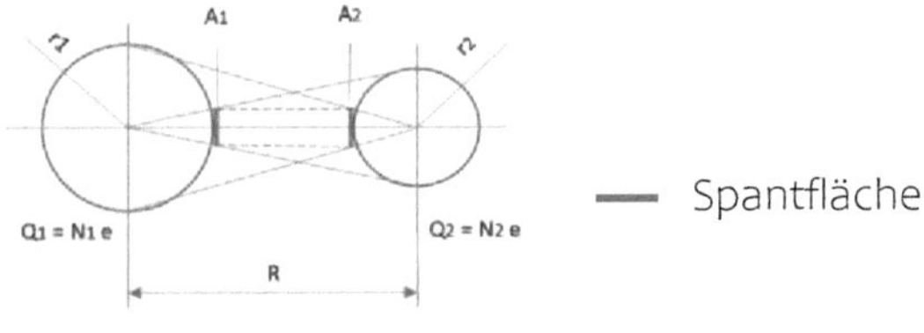

Die aktiven Flächen ohne Krümmung, also sogenannte Spantflächen A1 und A2, betragen bei kugelähnlichen, gleichen Partikeln, prozentual zur Gesamtfläche

$$A^* = re^2 / R^2$$

Der Kreisprozess

Und jetzt noch ein paar charakteristische Worte zu einem Kreisprozess.

Ein Kreisprozess ist die periodische, auch zyklische Folge von Zustandsänderungen eines Systems, bei dem eine Ursächlichkeit diese Änderungen verursacht und das System exakt in seine Ausgangslage zurückführt. Die wesentlichen Merkmale eines solchen Kreisprozesses, oder auch der damit einhergehenden Dynamik, sind identische Start- und Zielparameter.

Für solche Betrachtungen gibt es sehr anschauliche elektromagnetische Analogien, da elektromagnetische Schwinger fast kongruent mit mechanischen und thermischen Vorstellungen sind. Als reales Beispiel sei an dieser Stelle der bekannte L - C - Schwingkreis, bestehend aus Spule und Kondensator, genannt.
Die im Feld des Kondensator gespeicherte Energie fließt durch eine in Reihe geschaltete Spule. Der damit einhergehende Stromfluss generiert ein magnetisches Feld. Nach vollständiger Entladung des Kondensators geht der Stromfluss gegen Null und das Magnetfeld der Spule bricht zusammen, generiert dabei aber durch Induktion ein entgegengesetzten Strom, der den Kondensator wieder auflädt.

Bei genauer Betrachtung bedarf eine solche Beschreibung zwei Ergänzungen:

+ Bei exakt gleich großen Lade- und Entladevorgängen und verlustfreien Energiebeträgen während einer Periode wäre ein solcher Kreisprozess ein Perpetuum Mobile, was erfahrungsgemäß schlicht und einfach unmöglich ist.
So bleibt nur die Schlussfolgerung, jeder Kreisprozess, auch ein elektromagnetischer Kreisprozess, muss Energieverluste aufweisen, die ergänzt werden müssen oder durch das System bereitgestellt werden.

+ Da elektromagnetische Kreisprozesse frequenzabhängig sind, zeigen elektromagnetische Felder ab einem typischen Frequenzwert Ablöseerscheinungen, so wie wir es bei Antennen beobachten können, was zu Systemverlusten führt. Solche sich im Raum ausbreitenden Felder können über große Entfernungen Energien übertragen.

Finden externe Einwirkungen auf ein solches System symmetrisch statt, z. B. durch räumliche Energien, so ändert sich die innere Dynamik und das System erhöht seine Frequenz ω.
Damit steigt auch die innere Kraftgenerierung symmetrisch an und das System im Ganzen oszilliert stärker um seine Mittelpunkt, was letztlich seine Position im Raum aber nicht dauerhaft verändert.

Bei einer asymmetrischen externen Einwirkung wiederum erhöht sich die innere Veränderung des Systems somit asymmetrisch, im Sinne einer vektoriellen Reaktion auf die Einwirkung. Auch in diesem Falle wird eine Kraftwirkung generiert, allerdings eben asymmetrisch. Der Vorgang ist modellhaft gut vorstellbar, indem man nur die jeweilige Hälfte des Schalenmodells berücksichtigt.

Da die beschrieben Veränderungen ω^2 in Verbindung mit dem Systemradius einer Beschleunigung entspricht, driftet das System, zum Beispiel in Richtung der Einwirkung weg.

Bei einem anwachsenden Energiewert beschleunigt das System permanent. Bei einem Kreisprozess werden aber auch Reaktionsgrößen im Sinne von Trägheit generiert, die im Rahmen einer passenden Konstellation ein Gleichgewicht zwischen den Akteuren herstellen können.

Vor Klärung weiterer Frage müssen wir uns noch mit der Energieemission bewegter Ladungen beschäftigen, d. h. mit der sogenannten Lamor – Strahlung.

DIe Mathematik zum Kreisprozess

Es gilt: $$\frac{m\,v^2}{R} = \frac{m\,\omega^2\,r^2}{r}$$

Trägheit oder innerer Widerstand	$\theta = m\,r^2$
Winkelgeschwindigkeit oder innere Veränderung	$\omega = v / r$
Beschleunigung der inneren Dynamik	$\omega^2 = v^2 / r^2$
Energie oder Einwirkung	$E = \theta\,\omega^2$
Dauer des Prozesses	$T = 1 / \omega$
Kraftwirkung	$F = E / r$

TensorMat
Versuchsaufbau zur Impulsgenerierung

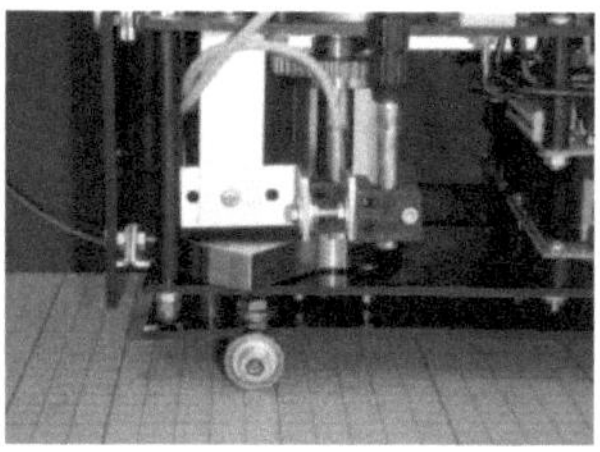

Sensorik

Massen

Massekopplung

Energie

Die Lamor – Strahlung

Die Lamor – Gleichung beschreibt die elektromagnetische Energie, die von geladenen Teilchen, im Zustand einer Beschleunigung oder Verzögerung, also bei einer zeitlichen Geschwindigkeitsänderung, abgestrahlt wird.

Die abgegebene Leistung P einer sogenannten Punktladung ist klassisches betrachtet

$$P = \frac{e^2 \; a^2}{6 \; \pi \; \varepsilon o \; c^3}$$

mit

e = Ladung

εo = Permittivität

a = Teilchenbeschleunigung

c = Lichtgeschwindigkeit

Voraussetzung für eine solche Betrachtung ist also, ein geladenes Teilchen strahlt Energie ab, wenn es beschleunigt oder abgebremst wird. Die Strahlungsabgabe erfolgt nicht gleichmäßig in alle Richtungen, sondern ist senkrecht zur Beschleunigungsrichtung am stärksten und parallel zur Einwirkung eher null. Die Beschreibung bezieht sich auf das gewählte Modell, jedoch mit der Anmerkung, dass ein gebundenes Elektron bei der Interaktion mit dem Proton eine oszillierende Interaktionsfrequenz aufweist und daher Energie abgibt, was mit der Lamor-Gleichung beschrieben werden kann.

Da die Proton – Elektronkonstellation unserem jetzigem Massebegriff generell entspricht gilt grundsätzlich:

Wenn Masse schon Masse beeinflusst, dann sollen diese Massen oder deren Bausteine, auch für die damit einhergehenden Ausprägungen verantwortlich sein.

Die bei Proton - Elektron - und dem Elektronsystem getroffenen Zuordnungen erlauben es, bei beiden Systemen, im Sinne bewegter Ladungen, Emissionsenergien zu bestimmen.

Das Elektronensystem

Mit e als Ladung und c als Lichtgeschwindigkeit respektive als Prozessgeschwindigkeit, erhält man für das Elektron als Emissionswert

$$P^{\circ} = \frac{1{,}6^{2}\ 10^{-38}\ 5{,}66^{4}\ 10^{72}\ 0{,}53^{2}\ 10^{-20}}{6\ \pi\ 8{,}85\ 10^{-12}\ 3^{3}\ 10^{24}} = 1{,}64\ 10^{0}\ J$$

und mit den Anpassungsfaktoren $\sqrt{2}\,\pi^{2}$ von Seite 41

$$\mathbf{P = 2{,}29\ 10^{1}\ J}$$

Das Proton-Elektronen-System

Die Ladungen von Proton und Elektron interagieren mit einer resultierenden Frequenz und es ist eine Systembeharrlichkeit zu beachten.

$$P^{\circ} = \frac{1{,}6^{2}\ 10^{-38}\ 4{,}13^{4}\ 10^{64}\ 0{,}53^{2}\ 10^{-20}}{6\ \pi\ 8{,}85\ 10^{-12}\ 3^{3}\ 10^{24}} = 4{,}71\ 10^{-8}\ J$$

Dieses Ergebnis erfordert eine Korrektur mit dem Anpassungsfaktor $1/2\,\pi^{2}$.

.

Damit erhält man als Emissionswert

$$\mathbf{P = 2{,}42\ 10^{-9}\ J}$$

Die 1 HZ- Normierung

Systeme mit unterschiedlichen Frequenzen haben abweichende Zeitbegriffe, entsprechend $T = 1 / \omega$.

Zur Vergleichbarkeit sind diese zu berücksichtigen.

Die finalen und damit aktiven Emissionswerte, generiert durch die Dynamik des jeweiligen elektromagnetischen Systems, sind:

Elektron $E' = 2{,}29\ 10^{1}\ J / 1{,}05\ 10^{19}$ = $\mathbf{2{,}18\ 10^{-18}\ J}$

Masse $E' = 2{,}42\ 10^{-9}\ J / 70{,}04\ 10^{48}$ = $\mathbf{3{,}46\ 10^{-59}\ J}$

Zur Veranschaulichung der Größenordnungen noch der Quotient beider Werte:

$\mathbf{k = 1{,}59\ 10^{-41}}$ $\mathbf{1/k = 6{,}29\ 10^{40}}$

Die abgegeben Strahlung ist die elektromagnetische Antwort der Ladung auf eine Störung. Das elektromagnetische Feld in der Nähe des Ladungsmittelpunkts bewegt sich bei einer solchen Störung mit, während in größeren Entfernungen ein „Knick“, eine transversale Störung entsteht. Die Lamor – Formel erlaubt folgende Schlussfolgerungen: Da Kreisprozesse kongruente Energiebeträge fordern, folgt ein solcher Energiewert dem Quadrat des Beschleunigungswertes oder dem Biquadrat der Frequenz. Die Leistung entspricht der Energie pro Zeiteinheit, $P = E / t$. Daraus folgt, die inneren Dynamiken zweier überlagerter Systeme sind proportional deren Wirkradien. Zwei in sich greifende Kreissysteme können daher so konfiguriert werden, dass sich Reaktionskräfte ganz oder teilweise kompensieren. Für die Trägheit bzw. Innere Reaktion gilt dann $F' = F$ oder auch $\sum F = 0$. So bleibt bei einer im Kern logischen Betrachtung nur noch die Frage zu klären, was kann die Ursache der jeweiligen Kraftgenerierungen sein kann.

Wesentliche unterscheiden sich die beiden Systeme durch ihre, durch oszillierende Beschleunigung oder Verzögerung generierten Energien in Lamor - Frequenzbereich. Das einzelne Elektron ist von einem überwiegend oszillierenden Energiefeld umgeben, das ggf. geringe Emissionswerte aufweist.

Beim Proton-Elektron-System dagegen oszilliert die atomare Ursache überwiegend im Atominnern und der dabei stattfindende Prozess spaltet eine minimalen Energiebetrag ab, der hochfrequent das System als sich ausbreitende Energieschale verlässt. Deren Taktfolge beträgt rund 10^{-16} Sekunden. Auch hier ist ein permanenter Energieverlust oder ein Nachladen durch Raumenergie denkbar. (Quark – Gluonen)
In beiden Fällen, also beim singulären Elektron als auch beim Proton – Elektron – System bleiben hinsichtlich der damit einhergehenden Systemdynamik vielfältige Fragen unbeantwortet.
Einzig allein deren Reaktionen bei Einwirkungen, im Sinne von direktem oder indirektem Detektieren, sind uns zugänglich.

Ergänzungen:

Das Proton

Der Zerfall der Masse, damit vorrangig des Protons, ist eine essentielle Annahme bei der vorliegenden Betrachtung der Gravitation. Ein Protonenzerfall in mehrere leichtere Elementarteilchen ist auch ein zentrales Thema in der theoretischen Teilchenphysik. Es ist außerdem eine entscheidende Frage für ein umfassendes Weltverständnis, ob Teilchen wie das Proton oder das Elektron dauernd stabil sind. Bisher ist ein Protonenzerfall eine rein hypothetische Formulierung, die aber in vielen Alternativbetrachtungen zur Gravitation vordergründig ist. Die theoretische Zerfallszeit liegt in der Größenordnung von 10^{32} Jahren. Da wir das Alter des Universums auf 10^{10} Jahre schätzen, ergeben sich hier schon tiefergehende Fragestellungen zu unserer Vorgehensweise.

Wie drängend das Thema ist, zeigt die Inbetriebnahme des *Super-Kamiokade-Detektors* in Japan. Ein Protonenzerfall konnte dort bisher aber nicht nachgewiesen werden. Bei den damit einhergehenden kleinen Skalen ist es aber auch eine Frage der grundsätzlichen Machbarkeit.

Das Elektron

Der aktuelle Wissensstand zum Elektron hinsichtlich seiner physikalischen Natur und damit auch seines Aufbaus beschränkt sich auf sein Reaktionsvermögen bei Einwirkungen. Das Elektron zeigt in Versuchen, nach heutigem Stand, keine innere Struktur, wird daher als punktförmig angenommen und ist in die Gruppe der Leptonen eingestuft.

Es verhält sich hinsichtlich provozierter Einwirkungen so, als ob alle seine Eigenschaften, also alle seine Reaktionen, sich auf einen einzigen Punkt im Zentrum konzentrieren. Das erinnert an eine totale Vereinfachung und irgendwie an die Schwerpunktbildung bei Körpern oder Massen.

Naheliegend ist, dass wir das Elektron bisher, hinsichtlich seines Aufbaus, nicht einordnen können und das sich unseren kognitiven Modellvorstellungen noch entzieht.

Eine energetische Fokussierung zeigt das Elektron als mathematisches Konstrukt, indem diverse Einheiten des SI-Systems verwoben sind. Am Nächsten kommt vielleicht noch die Vorstellung einer Impulswirkung, die durch beteiligte Geometrien und der Energiedefinition aber als ziemlich nebulös erscheint. Je nach Bezug kann so das Elektron, besser seine Reaktionen, wie folgt dargestellt werden.

$$e = 2\pi \sqrt[4]{4\,\frac{E^3 r^2}{ve}}$$

Aber wie gesagt, das ist ohne gesicherte Nachweise pure Theorie, oder aber eben hypothetisch. Und was Ladung eigentlich ist, bleibt damit ebenfalls unbeantwortet.

Atomare Dynamiken

Das Bohrsche Modell beinhaltet diverse Energiepotentiale, d.h. das Proton, Elektron und die Interaktionsprozesse, die von Eigenfrequenzen , hier durchweg als Zitterbewegungen bezeichnet, begleitet werden.

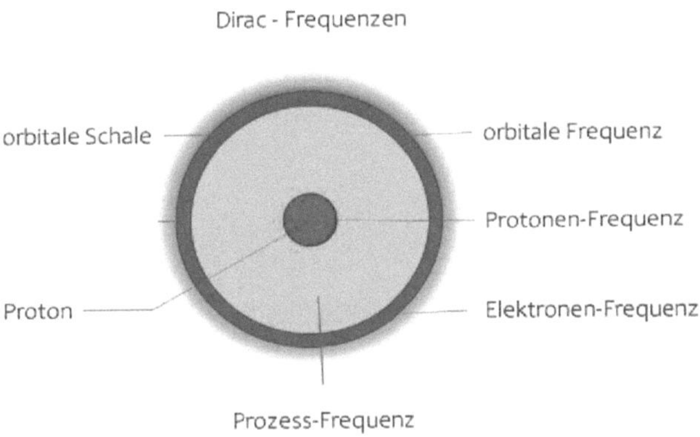

Die Zitterfrequenzen sind hochfrequent fluktuierende Bewegungen von Elementarteilchen, die sich mit der Dirac-Gleichung gut beschreiben lassen.

Die Kreisfrequent eines Teilchen bestimmt sich zu

$$\omega = \frac{4 \pi m c^2}{h}$$

mit m als Teilchenmasse, c gleich Lichtgeschwindigkeit und h als Planck´sches Wirkungsquantum

Obwohl das Proton nach heutigem Wissensstand aus weiteren Bauteilen besteht, nämlich den Quarks und Gluonen, kann das klassische Proton als Einheit aufgefasst werden, da seine resultierenden Kenngrößen ausreichend genau bekannt sind.

Im Resultat beinhaltet ein Wasserstoffatom somit vier interferierende Dynamiken, also Frequenzen, die in ihrem Zusammenspiel die beobachtbaren Materialreaktionen generieren könnten.
Wenn sich solche Frequenzen betraglich deutlich unterscheiden, kann oftmals mit Näherungsverfahren gearbeitet werden. Mit den genannten Emissionswerten geht bei beiden Systemen ein Arbeitsvermögen einher, das wir sowohl im Falle des singulären Elektrons als auch bei der Proton – Elektron – Konstellation durch Kraftwirkungen feststellen bzw. ermitteln können.

Berücksichtigt man dann noch die Frequenzen dieser Arbeitsvermögen, so handelt es sich beim Elektron um einen fiktiven Wert von $\omega e = 2{,}19\ 10^{6}$ Hz und beim Massesystem um $\omega p = 4{,}13\ 10^{16}$ Hz.
Die permanente Emission von Energie bedeutet aber auch, dass der singuläre Elektronen – Prozess partiell ein Energiefeld um sich aufbaut, das wegen der Lichtgeschwindigkeitsgrenze entweder endlich ist, oder aber dem System verloren geht.
Da Elektronen bisher als stabil erscheinen, also keinen Masseschwund erkennen lassen, muss der emittierte Energiebetrag beim Nulldurchgang des Kreisprozesses durch Induktion größtenteils wieder zugeführt werden. Das Elektron oszilliert, was nicht ausschließt, dass ein geringer Energieschwund pro Zyklus stattfindet. Solch ein permanent sich ausbreitender Energiewert kann auch als Information, als ein Signal für ein Partnerelektronen verstanden werden.
Bei der Masse begrenzt die hohe Frequenz die räumliche Ausbreitung der Energie auf das orbitale Volumen. Andererseits handelt es sich um eine hochfrequente Energieform, die sich problemlos vom System ablösen kann und als Energieschale ihre Quelle verlässt. Es handelt sich hierbei um einen extrem kleinen Wert pro Zyklus von

$$E = 3{,}46\ 10^{-59}\ J$$

der bisher nicht direkt detektierbar ist.

So bleibt bisher nur die Möglichkeit, über Mengenanhäufungen auf Details zu schließen, oder unbewiesene oder unbeweisbare Annahmen zu treffen.

Die System – Analyse

Mit der Annahme, das Bohrsche Paradigma und die getroffenen Ergänzungen, respektive seine Kennwerte, beschreiben die physikalische Wirklichkeit, im Sinne unserer Zielsetzung, sollte es mit diesem Modell und den Lamor-Gleichungen möglich sein, sowohl die elektromagnetischen Kräfte, also Coulombkräfte, als auch die Gravitationswirkung erklären zu können.

Gleichzeitig könnte damit, die für eine Fernwirkung notwendige Signalübertragung zwischen Energiepotentialen, wie Massen oder Ladungen, erklärt werden.

Mit Focus auf unsere Modellvorstellungen sind zwei der erwähnten Kinematiken im Prozess relevant.

Einerseits ist dies der ursächliche Prozess im Elektron, der im Bereich des orbitalen Volumen mit Lichtgeschwindigkeit sattfindet.

Andererseits der Prozess zwischen Proton und Elektron, der durch die Kennwerte des Modells beschrieben werden kann und der die Geschehnisse zwischen Materie und Energie berücksichtigt.

Das Elektronensystem

Da wir das freie Elektron quasi als ein kernloses Atom betrachten, ist die vorherrschende Prozessgeschwindigkeit in einem solchen System die Lichtgeschwindigkeit. Abweichend zu den gängigen Vorstellungen wird das freie Elektron in seiner Gesamtheit betrachtet, nämlich mit all seinen Kennwerten, wie Radius, Geschwindigkeit und Masse.

Die Ladung e selbst wird dabei aus Gründen der Anschaulichkeit beibehalten, ist aber letztlich ein mathematisierter Impuls.

Damit wird der aktive, aus einem der beiden Systemen emittierte Energiebetrag

$$E^* = E \frac{re^2}{R^2}$$

Die Überlegungen gelten sowohl für ein Elektronenpaar als auch für eine Atomkonstellation.

Der partielle bei einem Partnersystem eintreffende Energiewert E* beeinflusst die dortige Kinematik, die im Sinne - *actio est reactio* – einseitig reagiert und eine Asymmetrie im System ausbildet.

Entsprechend dem von uns gewählten Kennwert, der Systemfrequenz oder auch der Winkelgeschwindigkeit, bedeutet dies eine kurzzeitige, periodische Abnahme oder Zunahme des Ausgangswertes.

Das System beginnt überlagert asymmetrisch zu oszillieren, umgangssprachlich auch zu eiern und generiert dabei, entsprechend unserem gewählten Paradigma, eine asymmetrische Kraft.

$$\Delta F = \frac{E^*}{re}$$

Bei einem Elektronenpaar sind die sich begegneten Energien gleichwertig und die Systeme, die Elektronen driften auseinander, oder klassisch formuliert, stoßen sich ab.

Bei den Systemen Proton - Elektron wiederum trifft Protonenenergie zuerst auf die Elektronenschale, was bekannterweise zum aufeinander Zubewegen führt, oder eben zu dem, was wir gravitative Masseanziehung nennen.

Zusammenfassend gilt innerhalb dieser Hypothese daher, die beschriebenen Partikel, also die Masse oder auch das Elektron, agieren untereinander durch einen Energieaustausch, der in einem Kreisprozess asymmetrischen Dynamiken generiert, die durch Impulswirkungen die System beschleunigen bzw. bewegen.

Die hier aufgezeigte hypothetische Kraftgenerierungen zeigen somit analoge atomare bzw. elektronische Prozesse, deren jeweilige Ursachen auf einen gemeinsamen Vorgang zurückgehen und dessen Kinematik einen partiellen Energieverlust generieren, der dem System verlorengeht.

Vereinfacht und unwissend könnte man formulieren, diese Energieverluste sind eine Art Wirkungsgrad zur Aufrechterhaltung der elektromagnetischen Dynamik.

Coulomb & Newton

Die bisherigen Ereignisse zeigen, dass elektromagnetische Erscheinungen, zutreffender reaktive Ausprägungen der Materie, oder auch derer Bauteile, einem einheitlichen innerem Schema folgen. Eine systemische Kinematik und teilweise noch unbekannte Abfolgen führen zu den beobachtbaren Reaktionen und zu den mit dem Lamor-Gesetz ermittelten Energiewerten.

Das Elektron-System

Der Energiebetrag - $E' = 2{,}18\ 10^{-18}$ J - ist kongruent mit der kinetischen Energie aus der klassischen Physik, oder hälftig mit dem potentiellen Wert.

Die geometrische Spreizung ($R = 1$ m) führt zu einem aktiven Energiewert von $E^* = 6{,}1\ 10^{-39}$ J.

Die elektromagnetische Antwort des Elektrons auf eine solche externe Einwirkung dieser Größe íst die Generierung einer elektromagnetischen Kraft vom

$$F_C = 2{,}31\ 10^{-28}\ N$$

was exakt dem Coulombschen Gesetzes für zwei sich gegenüberstehenden Ladungen e im Abstand von R = 1 m entspricht.

Das Proton – Elektron - System

Der diesem System zuordenbare Energiewert beträgt nach Lamor $E' = 3{,}46\ 10^{-59}$ J. Mit Berücksichtigung der geometrischen Gegebenheiten (R = 1 m) ergibt sich ein aktiver Wert von $E_N^* = 9{,}65\ 10^{-80}$ J und eine rechnerische Reaktionskraft des Elektrons von $F_N = 1{,}82\ 10^{-69}$ N.

Da wir beim Bohrschen Modell die Dynamik dem Elektron zugeordnet haben und das Proton als quasi ruhend angenommen wurde, wohlwissend dass beide Systeme ein gemeinsamer oszillierender Prozess verbindet, sind hier Anpassungsfaktoren zu berücksichtigen.

$$f = \frac{mp}{me} \frac{4\pi^2}{\sqrt{1/2}}$$

Damit errechnet sich die finale Kraftwirkung zu

$$F_N = 1{,}86\ 10^{-64}\ N$$

was exakt der Gravitationswirkung nach Newton für zwei sich gegenüberstehenden Protonen im Abstand von R = 1 m entspricht.

Die Systeme fungieren dabei quasi als Sender und Empfänger. Akzeptiert man, dass das Vakuum mehr ist als ein postuliertes Nichts, d. h. ein energiedurchflutetes Etwas, dann können die erwähnten Energieschalen auch als Schwingungen dieses Etwas gedeutet werden.

Resümee

Im Bohrschen Modell wird die Dynamik des Atoms mit klassischer Mechanik und diversen Quantenbedingungen beschrieben. Die Dynamik basiert auf dem Gleichgewicht zwischen der elektromagnetischen Coulombkraft und der Zentrifugalkraft eines Kreisprozesses.

Eine solche Dynamik ist eine Mischung aus einem klassischen Kreisprozess und gequantelten Zuständen.

Energiedifferenzen werden klassisch als Lichtquanten (Photonen) mit der Energie - $E = h\,\omega$ - abgegeben oder aufgenommen.

Wenn wir, wie geschehen, die orbitale Dynamik und die einzelnen Zitterbewegungen (Proton/Elektron) mitberücksichtigen, bewegen wir uns in unserer Betrachtung zwischen dem klassischem Bohrmodell und der Quantenmechanik.

Hier wird die Interaktion zwischen den subatomaren Teilchen, also Proton und Elektron, als Kreisprozess betrachtet und seine Winkelgeschwindigkeit ω, also seine Frequenz, als variabler Kennwert gewählt.

Energiedifferenzen, oder auch Einwirkungen anderer Art, zum Beispiel externe Geschwindigkeitsüberlagerungen, beeinflussen somit diesen Kennwert symmetrisch oder asymmetrisch, je nach vektorieller Positionierung. Da mit einer Prozessfrequenzänderung auch Kraftwirkungen einhergehen, können so auch symmetrische oder asymmetrische Kräfte generiert werden, die wiederum auf das jeweilige System einwirken.

Die orbitale Dynamik, als resultieren Dynamik aus allen beteiligten Einzeldynamiken (Proton, Elektron, Prozess) kann so als resultierend Größe für das dynamische Geschehen in einem Elektron oder Atom verstanden werden.

Materie ist somit eine sich wiederholende Abfolge von Interaktionen zwischen den Bausteinen und der damit einhergehenden Dynamik. Da wir die Kinematik dieser Systeme nicht oder nicht ganz verstehen, beginnt hier die Grauzone unseres Wissen, also der Bereich der Hypothesen.

Entsprechend dem Energieerhaltungssatz von Robert Mayer benötigen bewegte Massen eine Kraft- oder Energieeinwirkung, genauer eine energetische Potentialdifferenz um in Bewegung zu kommen. Sie werden dadurch beschleunigt. Folgerichtig benötigen Kreisprozesse permanent solche Energiebeträge, die entweder von außen zugeführt oder vom System selbst bereitgestellt werden müssen.

Die sich daraus ergebende Fragestellung, wo die Quelle einer solchen Energie ist, muss hier unbeantwortet bleiben, einfach deshalb, da wir es noch nicht wissen.

Unabhängig davon geben beschleunigte Ladungen, in unserem Paradigma somit die Protonenladung als auch die Elektronenladung, elektromagnetische Energien ab. Betraglich können solche Größen mit der Lamor-Gleichung beschrieben werden.

So können für das singuläre Elektron, als auch für die Protonen - Elektronen - Konstellation folgende Werte bestimmt werden.

Elektron $E' = 2{,}18\ 10^{-18}$ J Masse $E' = 3{,}46\ 10^{-59}$ J

Der ermittelte Wert für das Elektron ist auffällig, da er exakt dem kinetischen Wert des Bohrschen Atommodell entspricht. Eine zuordenbare fiktive Frequenz beträgt
$\omega = 2{,}19\ 10^{6}$ Hz

Hinsichtlich der Masse erhalten wir einen Energiewert von $E' = 3{,}46\ 10^{-59}$ J bei einer Frequenz von $\omega = 4{,}13\ 10^{16}$ Hz.

Die die Energiewerte begleitenden Frequenzen lassen erwarten, dass es sich beim singulären Elektron um einen vorwiegend oszillierenden Energiebetrag handelt, der im Sinne der Induktionsgesetze diesem System, ggf. unter leichten Verlusten, wieder zugeführt wird.

Bei der Masse wiederum handelt es sich um eine hochfrequente Energieform, die erfahrungsgemäß dazu neigt, ihre Quelle, ihren Ursprung als Energieschale oder Energiewelle zu verlassen, heißt, die Energie löst sich vom Atom ab.

Damit ergeben sich zwei analoge, aber eben nicht gleiche Szenarien.

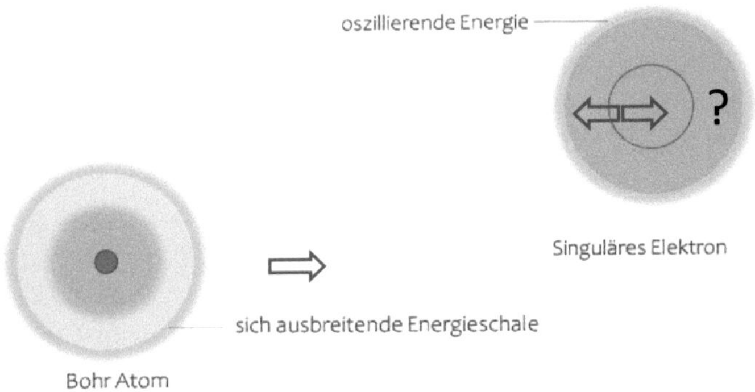

Die atomaren Prozesse in den jeweiligen (unbekannten) Systemen generieren beim singulären Elektron ein oszillierendes, heißt, anwachsendes und dann wieder zusammenbrechendes Energiefeld, das wegen der Lichtgeschwindigkeitsgrenze eine räumliche Größe hat.

Der Prozess beim Atom, also die Interaktion zwischen Proton und Elektron, findet in der unmittelbaren Nähe des orbitalen Radius statt. Dies führt zu einer zyklischen, also frequenzabhängigen Ablösung temporärer Energiefelder, die im Unterschied zu den Elektronenfeldern als Energieschalen bezeichnet werden.

Diese Energieschalen breiten sich im umgebenden Raum mit Lichtgeschwindigkeit aus, solange, bis sie sich im Energiefeld des Vakuums verlieren.

Zwei sich im Abstand von R = 1 m gegenüberstehenden einzelnen Elektronen haben aufgrund ihrer oszillierenden Energiefelder Kontakt zueinander und können, werden auf die im Verhältnis - r^2 / R^2 - eintreffenden Energieschalen mit einer Kraftgenerierung antworten, und zwar mit

$$F_C = 2{,}31\ 10^{-28}\ N$$

Der Betrag dieser Kraftgenerierung entspricht exakt der Krafwirkung nach dem Coulombschen Gesetz.

Bei zwei sich gegenüberstehenden Atomen, ebenfalls mit dem Abstand R = 1 m, interferieren die sich ausbreitende Energieschale auch im Verhältnis der geometrischen Spreizung - r^2 / R^2 - im Sinne von - actio est reactio - . Die so generierte Kraft entspricht exakt der Gravitationswirkung nach Newton.

$$F_N = 1{,}86\ 10^{-64}\ N$$

Die diese Zusammenhänge begleitende Mathematik kommt ohne Permittivität, Permeabilität und die Gravitationskonstante zurecht.

Ausblick

Die durch Lamor - Prozesse generierten Energien, beim Elektron und dem Atom, sind bisher nur indirekt detektierbar. Deren Ursächlichkeit lässt aber wohl auf eine kongruente Systemkinematik schließen. Ohne detaillierte Kenntnisse zu dieser Ursächlichkeit kann diese trotzdem mathematisch formuliert werden.

$$\mathbf{N = 10^8\ J\ s^{-4}}$$

Die harmonisierte Lamor – Energien bestimmen sich dann zu

$$E = \frac{N}{\omega^4}$$

was ebenfalls auf eine gemeinsame Ursächlichkeit atomarer Reaktionsgrößen hinweist.

Es soll an dieser Stelle noch erwähnt werden, dass sich mit der Theorie - *Atomarer Prozesse* - und den sich daraus ergebenden Energieschalen der Magnetismus, der beobachtet Masseschwund beim Urkilogramm, die Expansion des Universums, die Konstanz der Lichtgeschwindigkeit u.a. anschaulicher und ggf. besser verstehen lassen.

Auch weist der essentielle Term dieser Theorie

$$\Delta = \sqrt{1 - \omega^2 / \omega c^2}$$

Parallelen zu

auf. $$\beta = \sqrt{1 - v^2 / c^2}$$

Immer dann, wenn Einwirkungen groß im Verhältnis zur Prozessgeschwindigkeit - c - sind, heißt, diese sich gegenseitig merklich beeinflussen, dann müssen deren Verzerrungen im Prozess mit diesen Termen berücksichtigt werden. Die Vorgänge werden relativistisch.

Erwähnenswert ist außerdem, dass die diese Themen begleitende Mathematik relativ simpel erscheint.

Die Theorie der - *Atomaren Prozesse* – und der diese begleitenden Energieschalen kann wie folgt visualisiert und beschrieben werden. Zwischen den Akteuren, also zwischen dem Proton und dem antagonistischen Elektron findet ein permanent sich wiederholender Vorgang statt, der das ganze System immer wieder aufs Neue erschüttert.

Diese Dynamik nehmen wir bei ungestörten, also symmetrischen Abläufen, als Zittern, oder eben auch als dreidimensionale Schwingungen war.

Da diese Prozesse mit Lichtgeschwindigkeit starten, kann diese Geschwindigkeit erstmal als Ursache angesehen werden und die Ereignisse im jeweiligen System, zum Beispiel bei einer Protonen-Elektronen-Konstellation, auf eine resultierende Geschwindigkeit bezogen werden. Daraus folgt aber auch, mit steigender Frequenz verringert sich der Aktionsradius und die Frequenz ist reziprok proportional zum Wirkradius.

Gleichzeitig kann der Quotient aus Ursache und Wirkung, oder eben auch auf das Reaktionsvermögen des Systems mit der Feinstrukturkonstante ausgedrückt werden.

Damit ist die Reaktionsfähigkeit eines elektromagnetischen Systems immer geringfügig kleiner, als dessen Ursache. Analog zu anderen physikalischen Prozessen kann dieser geringe „Energieschwund" als quasi Wirkungsgrad des Systems betrachtet werden. Eine essentielle Feststellung, da damit auch elektromagnetische Systeme dem Energieerhaltungssatz nach Robert Mayer entsprechen.

Daher ist bei der Analyse elektromagnetischer Prozesse zwingend zwischen Ursache und Wirkung zu unterscheiden.

Ein elektromagnetisches System, also ein Elektron oder Proton, oder auch eine Elektron – Proton – Konstellation ist auf Grundlage der Lichtgeschwindigkeit aktiv und ihre provozierten Reaktionen folgen aber immer der resultierenden Dynamik des jeweiligen Systems.

Die sogenannte Feinstrukturkonstante ist somit ein wichtiger Parameter hinsichtlich der Effizienz solcher Systeme.

Die Strukturen bzw. die Beschreibungen, sowohl beim Gravitationsgesetz als auch beim Gesetz nach Coulomb, basieren auf Messergebnisse, was eben bedeutet, dass damit nur mit resultierenden Größen gearbeitet werden kann.

Hinzu kommt, dass die dreidimensionalen Prozesse durch zweidimensionale Paradigmen bzw. analoge Reaktionen beschrieben werden.

Mathematisch kann man so formulieren, dreidimensionale Abläufe, treffender vielleicht, dreidimensionale Ursachen treffen auf zweidimensionale Reaktionen. Dies erfordert Anpassungsfaktoren, meist Konstanten, um diese Verzerrungen zu korrigieren.

Da die Wirkung von Energien zeitanhängig ist, ist die aktive Energie in elektromagnetischen Prozessen frequenz- und zeitabhängig. Wegen der zu - und abnehmenden Verläufe bei einem Kreisprozess muss so ggf. noch zwischen maximalen und mittleren Beträgen unterschieden werden. Die in einem solchen System aktiven Energien sind daher, wegen $T = 1 / \omega$ mehrfach frequenzabhängig.

Trifft eine solche elektronale Energieschale auf ein Partnerelektron, so wird die hälftige Prozessdauer verkürzt bzw. verlängert, was zu einem Impulsüberschuss in der jeweiligen Prozesshälfte des Elektrons führt. Dies wiederum hat wegen der Interaktion zwischen den Elektronensystemen ein Driften der Systeme zur Folge.

In Anwesenheit eines Protons, d. h. bei einem Massepartikel wird das Elektron mehr oder weniger neutralisiert und die protonale Energieschale trifft auf die Elektronenschale des Partnerelektrons. Die damit einhergehenden Kraftwirkungen führen ebenfalls zu einer Veränderung der hälftigen Prozessdauern, aber reziprok zum Elektronensystem.

Damit geht dann neben dem frequenzabhängigen Betrag der Energie auch eine Richtungsumkehr der Reaktionsgrößen einher. Atomare Systeme, also Massen driften somit aufeinander zu.

In beiden Systemen, also beim Elektron als auch beim Atom, verursachen interaktive Energiebeträge permanent Frequenzabweichungen bei den beschriebenen internen Abläufen, die dadurch zu asymmetrischen Impulswirkungen führen, die so die jeweiligen System bewegen.

Diese maximalen Geschwindigkeitsänderung in einem sonst relativ unbekannten Prozess sind:

Elektron $ve = 2{,}19\ 10^{6}\ m/s$

Atom $vp = 6{,}15\ 10^{-15}\ m/s$

und die beteiligten Energiebeträge sind

Elektron $Ee = 9{,}1\ 10^{-31}\ (2{,}19\ 10^{6})^{2} = \mathbf{4{,}36\ 10^{-18}}\ J$

Atom $Ep = 9{,}1\ 10^{-31}\ (6{,}15\ 10^{-15})^{2} = \mathbf{3{,}46\ 10^{-59}}\ J$

Es handelt sich hierbei um hoch- und niederfrequente elektromagnetische Energieformen, die erfahrungsgemäß sich unterschiedlich verhalten. Niederfrequente Energien oszillieren mit ihrer Quelle, während hochfrequente Energien sich von ihrer Quelle entfernen, heißt dem System verloren gehen können.

Beide Energien haben nach dieser Betrachtung endliche Reichweiten. Elektronen in der Größenordnung ihres Wirkradius, der sich aus dem Produkt der bekannten Lichtgeschwindigkeit und der Prozessdauer ergibt und die gravitative Energieschale breitet sich so lange im Raum aus, bis sich ihre Wirkung in der Energiedichte des Raumes verliert.

Anmerkungen:

Die vorgestellten Ausführungen zeigen, dass sowohl die elektromagnetischen Kräfte als auch die Gravitation deckungsgleichen Prozessen unterliegen. Es wird aber auch deutlich, dass durch das gewählte Paradigma und die unvermeidbare subjektive Herangehensweise, zum Beispiel durch die Wahl der Kennwerte und Parameter, sich finale Aussagen und die sich daraus ergebende Visualisierung essentiell unterscheiden können.

Algorithmen ohne ausreichende Beweise zu interpretieren mag kurzfristig hilfreich sein, auf Dauer lenkt eine solche Vorgehensweise jedoch vom Thema ab und lässt sich erfahrungsgemäß nur sehr schwer korrigieren.

Aus Sicht des Verfassers führen unbeantwortete Fragen und ehrlich benannte Grauzonen im physikalischen Tun zu deutlich weniger physikalischem Unwohlsein, als haltlose Behauptungen und reißerische Halbwahrheiten.

Anzumerken ist aber auch, dass die durch die dynamischen Diskrepanzen bei der Masse, also durch eine asymmetrische Interaktion zwischen den Akteuren -**Proton** und **Elektron**- generierten Energieschalen anschaulich mittels des Planck´schen Wirkungsquantums bestimmt werden können.

Es gilt:

$$E = \frac{h}{2\pi} \frac{\omega e^4}{\omega p^3}$$

und in Zahlen

$$E = \frac{6{,}62\ 10^{-34}}{2\pi} \frac{(2{,}19\ 10^{6})^4}{(4{,}13\ 10^{16})^3} = 3{,}46\ 10^{-59}\ J$$

Der Multiplikator für beliebige Massenkonstellationen ist:

$$\frac{M\ m}{mp^2}$$

Schlusswort

Die ganzheitliche Betrachtung des Bohrmodells, einerseits als klassisches System und andererseits ergänzt um atomare und dynamischen Gegebenheiten und Kennwerte, hat auf zusätzlichen Zusammenhänge und Prozessergebnisse hingewiesen, die anschaulich und kognitiv erscheinen.

Letztlich stützt sich diese Hypothese auf bekannte Physik und deren Kennwerte, enthält aber auch physikalische Grauzonen, die noch der Beweise bedürfen.

Vorrangig sind dazu die indirekte Definition des Massebegriffes und eine ausreichende Vorstellung hinsichtlich der operativen Kinematik des Elektrons und weiterer Bausteine zu nennen.

Hinzu kommt die Notwendigkeit, die Natur weiterhin kritisch zu beobachten und nicht durch theoretische Postulate einzufrieren.

Die Anwendung physikalischer Gesetze im Alltag braucht aus mehreren Gründen die Vereinfachung. Ein echter Erkenntnisgewinn allerdings basiert eher auf einer mehrdimensionalen Offenheit.

Auf lange Sicht werden Antworten auf das **WIE** , ohne Kenntnis des **WARUMS** keinen nachhaltigen Erfolg haben.

Vieles deutet darauf hin, dass die Naturgesetze einem einheitlichen, wenn auch multiplen Prinzip folgen, das sich durch eine Ursächlichkeit und den damit einhergehenden Frequenzen beschreiben lässt.

Daraus folgt, alles ist in Bewegung, alles zittert.

Vielen Dank für Ihr Interesse.

Der Verfasser

Appendix

Naturkonstanten in diesem Buch

+ Permittivität

εo = 8,854 187 81 10^{-12} As/Vm

+ Permeabilität

μo = 4 π 10^{-7} Vs / Am

+ Elementarladung

e = 1,602 176 62 10^{-19} As

+ Planck´sches Wirkungsquantum

h = 6,626 070 04 10^{-34} Js

+ Lichtgeschwindigkeit im Vakuum

c = 2,997 294 58 10^{8} m / s

+ Gravitationskonstante

G = 6,674 08 10^{-11} m^3 / kg s^2

+ Elektronenruhemasse

me = 9,109 383 56 10^{-31} kg

+ Protonenruhemasse

mp = 1,672 621 89 10^{-27} kg

ROBERT G. BRUNNER

Jahrgang 1944 studierte Ingenieurwissenschaften, Fachrichtung Maschinenbau in Mannheim. Als Vorstand und Geschäftsführer war er für nationale und internationale Industrieunternehmen tätig.

Auch wurde er in den Vorstand des VDMA (Industriearmaturen) und als Vice - President eines Joint-Venture-Unternehmens in China berufen, hatte den Vorsitz im VDMA-Wirtschaftsausschuss inne und fungierte als Beirat und Sachverständiger.
Sein besonderes Interesse gilt Grundsatzfragen und Ursprünglichkeiten im Beziehungsdreieck von Physik, Technik und Biologie. Immer wieder ist er dabei auf nicht nachvollziehbare Darstellungen, speziell physikalischer Vorgänge, und deren Erklärungsversuche gestoßen. Seine übergeordnete Zielsetzung war und ist, ohne Bekanntes und Bewährtes zu verwerfen, offene Fragestellungen dieser naturwissenschaftlichen Disziplinen bereichsübergreifend beantworten zu können und eventuell vorhandene Gemeinsamkeiten zu finden.

Heute lebt Robert Brunner in Kirchheim an der Weinstraße, ist Mitglied der Ingenieurkammer Rheinland-Pfalz und der DPG und war von 2009 bis 2019 Bürgermeister seiner Heimatgemeinde.

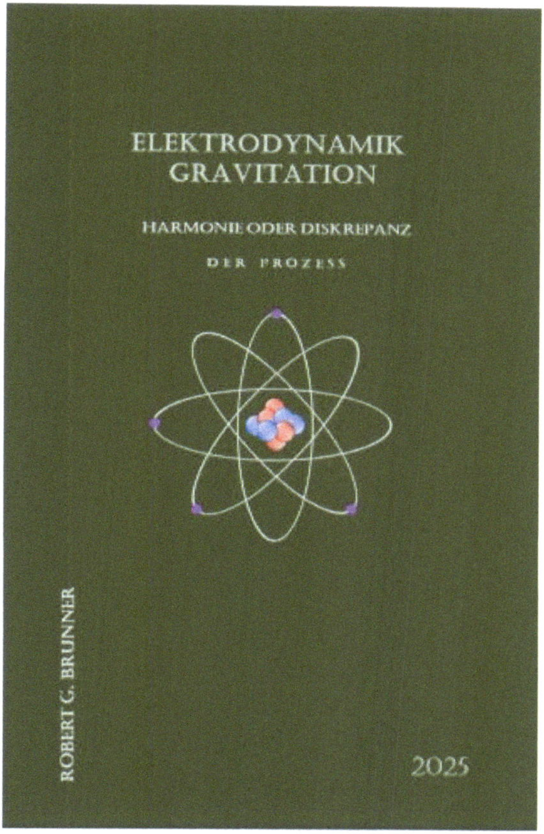

ELEKTRODYNAMIK GRAVITATION

HARMONIE ODER DISKREPANZ

DER POZESS

Format: 13,5 x 21,5 cm
Seiten 245
ISBN 9 783769 314519

Vielfältige Fragestellungen zur Coulomb´schen Kraft und zum Newton´schen Gravitationsgesetz werden in diesem Buch behandelt. Eine alternative Gravitationsbetrachtung ermöglicht die Berechnung der Gravitationskonstanten aus bekannten Kennwerten des Wasserstoffatoms.